Blitzrezepte für
Hundekekse
Gesunde Leckereien selber backen

Lina Bauer

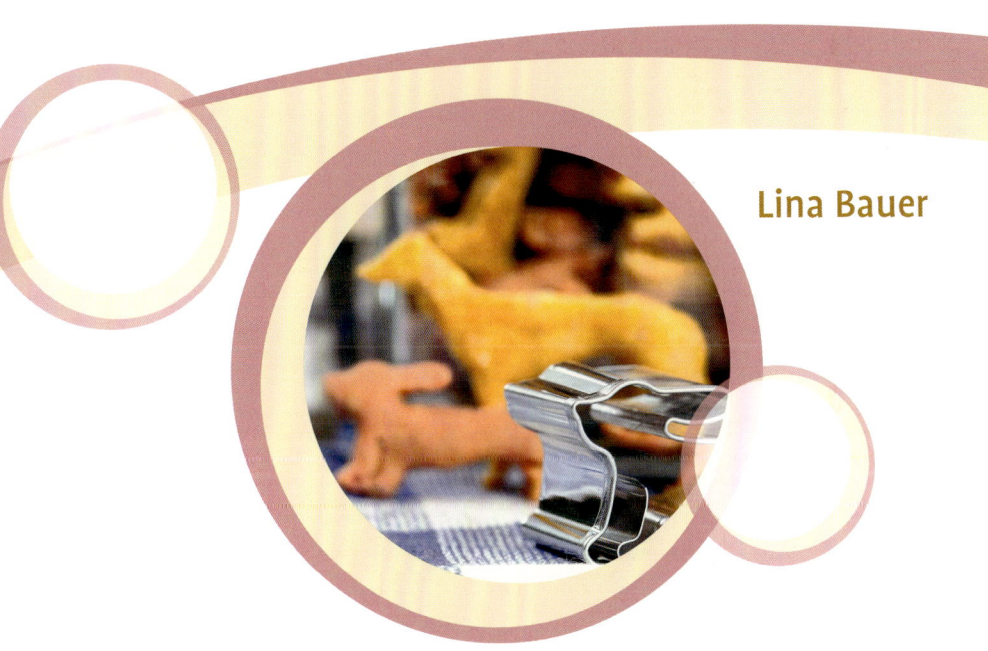

Ulmer

Inhalt

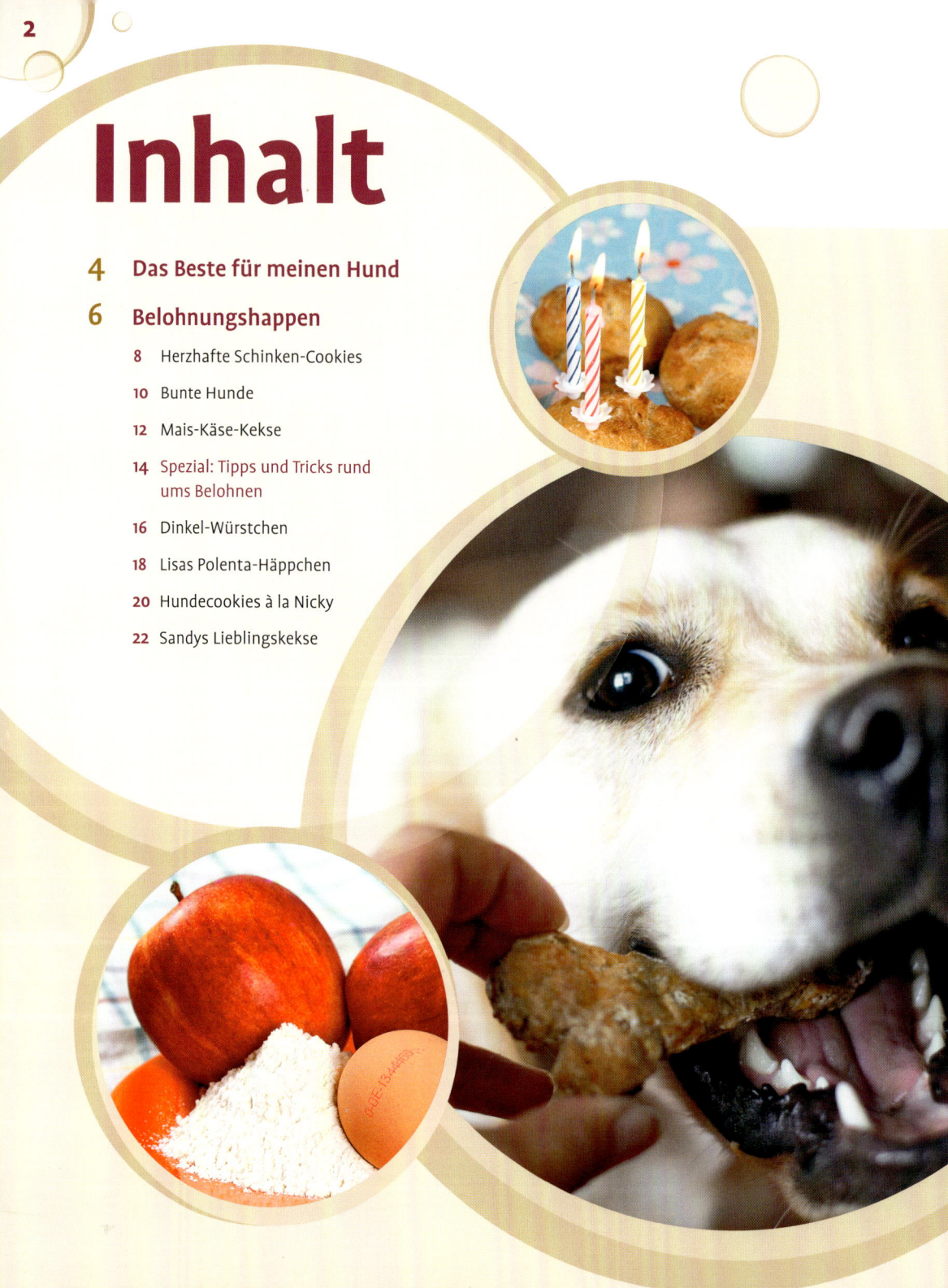

Das Beste für meinen Hund

Ihre Rute wedelt aufgeregt hin und her und die junge Golden Retriever-Hündin Muffin schafft es nur mit größter Mühe, brav sitzen zu bleiben und nicht die Küchentheke zu stürmen. Ihr Blick fixiert die große gelbe Schüssel, in der ihre Freundin gerade den Teig für ihre Lieblingskekse zubereitet.

Muffin ist keine Ausnahme: Fast alle Hunde lieben von Frauchen oder Herrchen servierte Hausmannskost. Kein Wunder, sind die Leckereien doch frisch zubereitet, es werden nur beste Zutaten verwendet und die Menschen, die sich intensiv mit ihrem Vierbeiner beschäftigen, wissen genau, was ihm am besten schmeckt. So gibt es gesunde Snacks mit Lecker-Garantie.

Individuell und gesund

Die meisten Hundehalter sind naturverbunden, gehen viel spazieren und achten auf eine ausgewogene und gesunde Ernährung. Und was die Zweibeiner für sich in Anspruch nehmen, wollen sie auch ihren Hunden gönnen. So ist es für viele Hundehalter heute selbstverständlich, die Mahlzeiten für ihre Vierbeiner selbst zuzubereiten.

Die Vorteile dabei liegen für Sie klar auf der Hand: Sie wissen genau, was Ihr Hund bekommt. Gerade Hundehalter, deren Tiere an einer Lebensmittelallergie leiden, bestimmte Nahrungsmittel nicht vertragen oder nach einer Diät ernährt werden müssen, schätzen die Möglichkeit, die Nahrung für ihren Hund individuell nach dessen Bedürfnissen zuzubereiten.

Doch auch Ihr gesunder Hund profitiert davon, denn viele Leckerchen und Nahrungsmittel für Hunde enthalten Konservierungsstoffe, künstliche Farbstoffe und weitere Zusätze. Wenn Sie selbst der Küchenchef sind, bestimmen Sie, was sein Futter und seine Verwöhnhappen enthalten. Und als großes Plus sind die selbst zubereiteten Kekse meistens sogar noch preiswerter als die in kleinen Mengen gekauften – selbst wenn Sie hochwertige Bio-Produkte zum Backen verwenden. Achten Sie darauf, nur Zutaten zu verwenden, die ihr Hund auch verträgt.

Die größte Belohnung sind die strahlenden Hundeaugen, wenn Sie Ihren Vierbeiner mit den Ergebnissen Ihrer Backkunst verwöhnen und er Sie mit seinen treuen Augen bewundernd anschmachtet. Also: Nichts wie ran an den Herd – Ihr Hund wird es Ihnen danken!

Golden Retriever-Hündin Muffin kann es kaum erwarten, bis sie die leckeren Kekse verputzen darf.

Die Zutaten für die Rezepte in diesem Buch bekommen Sie in Lebensmittelgeschäften und Bioläden.

Belohnungshappen

Herzhafte Schinken-Cookies

Zutaten:

180	g Roggenmehl
50	g feine Haferflocken
80	g klein gewürfelter Schinken
2	Eier
80	ml Wasser (ca.)

Happen:
Formen Sie die Kugeln nach der gewünschten Größe der Kekse, z.B. kirschgroße Kugeln für kleine Kekse, tischtennisballgroße für größere.

So geht's:

1. Heizen Sie den Backofen vor (Umluft 170 °C, Unterhitze/Oberhitze 190 °C).

2. Vermischen Sie alle Zutaten und kneten Sie einen Teig.

3. Formen Sie mit den Händen kleine Kugeln (siehe Tipp links). Der Teig ist klebrig – häufiges Händewaschen zwischendurch erleichtert das Formen der Kugeln.

4. Legen Sie die Kugeln auf ein mit Backpapier ausgelegtes Backblech und drücken Sie diese dann mit der Hand flach, damit Sie kleine Scheiben bekommen.

5. Backen Sie die Kekse ca. 30–40 Min. lang und lassen Sie diese dann noch 90–120 Min. lang im ausgeschalteten Ofen aushärten.

Alternative:
O *Statt Schinken können Sie auch Fleisch verwenden, z.B. Tatar.*

Aufbewahrung:
O *Im Baumwollbeutel bzw. in einer Blechdose ca. 2 Wochen haltbar.*

Bunte Hunde

Zutaten:

250	g *Weizenmehl*
100	g *Reismehl*
125	g *Leberwurst speziell für Hunde*
1	*Ei*
150	ml *Gemüsesaft (ca.), z.B. Rote Bete oder Möhren*

So geht's:

1. Heizen Sie den Backofen vor (Umluft 160 °C, Unterhitze/Oberhitze 180 °C).

2. Vermischen Sie alle Zutaten und kneten Sie einen geschmeidigen Teig.

3. Rollen Sie den Teig auf einer bemehlten Arbeitsfläche aus (siehe Tipp Seite 12) und stechen Sie die Kekse in Hundeform aus.

4. Legen Sie die Kekse auf ein mit Backpapier ausgelegtes Backblech und backen Sie diese im Ofen 20–25 Min. lang.

Alternative:
O *Für eine vegetarische Variante können Sie statt der Leberwurst z.B. Streichkäse verwenden.*

Aufbewahrung:
O *Im Baumwollbeutel bzw. in einer Blechdose ca. 2 Wochen haltbar.*

Wenn Sie den roten und den gelben Teig mischen, bekommen Sie gescheckte Hunde.

Mehl:
Zum Backen eignet sich besonders das Mehl von Rundkornreis. Viele Bioläden mahlen Ihnen die benötigte Menge nach Wunsch.

Mais-Käse-Kekse

Zutaten:

100	g Maismehl
100	g Weizenvollkornmehl
50	g geriebener Emmentaler
2	EL Sonnenblumenöl
150	ml Wasser (ca.)

Teig:
Klebriger Teig haftet beim Ausrollen oft am Nudelholz. Er lässt sich leichter ausrollen, wenn Sie Frischhaltefolie dazwischenlegen.

So geht's:

1. Heizen Sie den Backofen vor (Umluft 160 °C, Unterhitze/Oberhitze 180 °C).

2. Vermischen Sie das Maismehl, das Weizenmehl und den Emmentaler.

3. Geben Sie etwas Wasser dazu und kneten Sie alle Zutaten. Geben Sie dann weiter so lange Wasser dazu, bis Sie einen geschmeidigen Teig bekommen.

4. Rollen Sie den Teig ca. 0,5 cm dick aus (siehe Tipp links) und stechen Sie kleine Kekse aus, z.B. in Form von kleinen Knochen.

5. Legen Sie die Kekse auf ein mit Backpapier ausgelegtes Backblech und backen Sie die Kekse im Ofen ca. 30 Min. lang.

Alternative:
O Wenn Ihr Hund kein Weizenmehl verträgt, können Sie stattdessen auch nur das glutenfreie Maismehl oder z.B. das ebenfalls glutenfreie Buchweizenmehl verwenden.

Aufbewahrung:
O Im Baumwollbeutel bzw. in einer Blechdose ca. 3 Wochen haltbar.

Spezial

Tipps und Tricks rund ums Belohnen

Ziel der Hundeerziehung ist es natürlich, dass der Vierbeiner ein Signal nicht nur ausführt, damit er direkt danach ein Leckerchen abkassieren kann. Nein, er soll es tun, weil er darauf vertraut, dass Sie schon wissen, was richtig ist.

Kleine Belohnungshäppchen lenken nicht vom Lernen ab.

Keks als Belohnung, z.B. nach zwei korrekten Ausführungen, dann nach dem dritten, vierten oder fünften Mal. Diese Unregelmäßigkeit macht das Training für den Hund spannend. Zudem gibt es besonders clevere Hunde, die schnell durchschauen würden, dass sie immer z.B. jedes zweite oder dritte Mal ein Leckerchen bekommen und sich darauf einstellen. Beherrscht der Vierbeiner das Kommando schließlich aus dem Effeff, wird die Belohnung nur noch sporadisch gegeben.

Leckerchen sinnvoll einsetzen

Leckerchen können aber trotzdem ein gutes Hilfsmittel z.B. beim Einüben von neuen Signalen sein. Während der ersten Übungsphase wird der Hund noch jedes Mal belohnt, wenn er etwas richtig macht – auch bei kleinen Erfolgen. Mit fortschreitendem Training werden die Ansprüche an den Hund höher: Er bekommt das Leckerchen nur dann, wenn er das Signal ganz korrekt ausführt.

Ist das Einüben des neuen Signals so weit fortgeschritten, dass der Hund genau weiß, was von ihm verlangt wird, gibt es nur noch gelegentlich einen

Tipp: Je schwieriger die Übung, desto leckerer und begehrter sollte die Belohnung sein, damit der Hund sich besonders anstrengt. Und am Ende von Übungsketten darf es auch etwas mehr sein: dann gibt es eine größere Portion als „Jackpot" – natürlich mit entsprechendem Jubel des Menschen. Denn das Einsetzen der Stimme und das richtige Loben sind mindestens genauso wichtig für den Lernerfolg wie die Leckerchen.

Richtiges Timing

Gutes Timing ist die Voraussetzung für die erfolgreiche Erziehung Ihres Hundes. Belohnen Sie ihn genau dann, wenn er das gewünschte Verhalten zeigt.

○ **Beispiel SITZ:** Belohnen Sie Ihren Vierbeiner, wenn sein Po den Boden berührt – nicht erst dann, wenn er schon wieder aufsteht.

○ **Beispiel Motivation:** Der kleine Mops (Foto links) strengt sich an, auf den Steg zu steigen. Bestätigen Sie schon kleine Erfolge, damit Ihr Hund weiß, dass er auf dem richtigen Weg ist.

Ein Leckerchen im richtigen Moment motiviert den kleinen Mops, sich anzustrengen.

Häppchenweise

Belohnen Sie mit kleinen Häppchen. Ihr Hund soll durch das Leckerchen nicht abgelenkt werden, vielmehr ist es eine schnelle Bestätigung für sein Handeln. Deswegen sind die Leckerchen am besten klein, weich und lassen sich ohne viel zu kauen schnell schlucken, z.B. kleine Stücke von diesen Keksen: Bunte Hunde (siehe Seite 10), Mais-Käse-Kekse (siehe Seite 12), Dinkel-Würstchen siehe Seite 16, Lisas Polenta-Häppchen (siehe Seite 18), Sandys Lieblingskekse (siehe Seite 22).

Minikekse zubereiten

Rollen Sie den Teig zu einer ca. ein Zentimeter langen Stange und schneiden Sie dann dünne Taler ab (siehe Foto oben). Noch schneller zubereitet sind Knack-Streifen: Rollen Sie dazu den Teig flach aus und drücken Sie mit dem Teigrädchen senkrechte und waagrechte Linien (siehe Foto unten) und mit einer Gabel kleine Löcher hinein (siehe Tipp Seite 22). Backen Sie den Teig im ganzen Stück. Nach dem Abkühlen können Sie die benötigte Menge einfach in Streifen abbrechen. Das ist besonders praktisch, wenn Sie einen großen und einen kleinen Hund haben. Nehmen Sie dann zum Spaziergang oder zum Üben die Knack-Streifen mit und brechen Sie zum Belohnen einzelne Quadrate ab.

Schlank und rank

Kleine Leckerchen zum Belohnen und gelegentlich ein Keks zur Zahnpflege oder zum Verwöhnen sind völlig in Ordnung. Damit Ihr Hund seine schlanke Linie behält, sollten Sie jedoch Kekse und Co. immer auf die Tagesration des Futters anrechnen, denn die wichtigen Nährstoffe bekommt Ihr Hund über sein ausgewogenes Hauptfutter. Die Extra-Leckereien sind oft gehaltvoll und liefern viel Energie. Übertreiben Sie es also nicht mit dem Verwöhnen, sonst droht Übergewicht – und das schadet der Gesundheit Ihres Hundes.
Kleine Dickerchen belohnen Sie am besten mit Stücken von Möhren und Äpfeln, gekochtem oder getrocknetem Hähnchenfleisch oder getrockneter Rinderlunge.

Ganz einfach: Schneiden Sie kleine Taler von einer Teigrolle ab.

Kleine Leckerchen sind ideal für häufigere Belohnungen bei neuen Übungen.

Schnelle Variante: Rollen Sie den Teig flach aus und drücken Sie mit dem Teigrädchen Linien hinein.

Dinkel-Würstchen

Zutaten:

125	g *Dinkelmehl*
100	g *Rinderhackfleisch*
25	g *Schweineschmalz*
40	ml *Wasser (ca.)*

So geht's:

1. Heizen Sie den Backofen vor (Umluft 160 °C, Unterhitze / Oberhitze 180 °C).

2. Vermischen Sie alle Zutaten miteinander und kneten Sie einen Teig.

3. Rollen Sie den Teig ca. 0,5 cm dick aus (siehe Tipp Seite 12) und stechen Sie die Kekse aus, z.B. mit einer Ausstechform für Vanillekipferl.

4. Legen Sie die Kekse auf ein mit Backpapier ausgelegtes Backblech und backen Sie diese ca. 30–40 Min. lang. Lassen Sie die Würstchen noch 90–120 Min. lang im ausgeschalteten Ofen aushärten, wenn sie noch trockener werden sollen.

Ideale Belohnungen beim Training sind diese Häppchen vor allem in der weicheren und leicht portionierbaren Streifenvariante.

Alternative:

O *Gestalten Sie verschiedene Geschmacksvarianten. Verwenden Sie statt des Rinderhackfleischs z.B. Hähnchen- oder Putenfleisch, Wild oder exotisches Straußenfleisch.*

Aufbewahrung:

O *Im Kühlschrank ca. 3–4 Tage haltbar. Nur bei Zimmertemperatzr verfüttern.*

Wie viel darf's sein?
Ist die angegebene Menge zu groß für Ihren Hund? Oder wollen Sie mehr? Dann passen Sie die Mengenangabe der Zutaten einfach nach Belieben an. Benötigen Sie z.B. nur die Hälfte, ziehen Sie bei jeder Zutat 50 Prozent ab. Wollen Sie etwas mehr, rechnen sie z. B. jeweils 25 Prozent dazu.

Lisas **Polenta-Häppchen**

Zutaten:

200	g Polenta (Maisgrieß)
130	g Dinkelmehl
100	g gemahlene Haselnüsse
2	Eier
2	EL Sonnenblumenöl
200	ml Milch (ca.)

So geht's:

1. Heizen Sie den Backofen vor (Umluft 160 °C, Unterhitze / Oberhitze 180 °C).

2. Vermischen Sie die Polenta, das Mehl und die Haselnüsse.

3. Geben Sie dann die Eier, das Öl und die Milch dazu und vermischen Sie alles mit dem Handmixer.

4. Rollen Sie den Teig auf einer bemehlten Arbeitsfläche aus (siehe Tipp Seite 12).

5. Legen Sie den Teig auf ein mit Backpapier ausgelegtes Backblech und ziehen Sie mit dem Teigrädchen Rillen in den Teig (siehe Seite 15).

6. Backen Sie den Teig ca. 20 Min. lang.

Aufbewahrung:
O *Im Baumwollbeutel bzw. in einer Blechdose ca. 3 Wochen haltbar.*

Für Polenta-Häppchen strengt Lisa sich beim Üben besonders an.

Hundecookies à la Nicky

Zutaten:

150	g Weizenvollkornmehl
200	g Vollkornhaferflocken
1–2	EL Honig
1	TL gekörnte Rinderbrühe
2	Eier
150	ml Milch

So geht's:

1. Heizen Sie den Backofen vor (Umluft 200 °C, Unterhitze / Oberhitze 220 °C).

2. Vermischen Sie zuerst das Mehl mit den Haferflocken.

3. Vermischen Sie jetzt den Honig, die Rinderbrühe, die Eier und die Milch miteinander.

4. Mischen Sie dann alles zusammen und kneten Sie einen relativ festen Teig.

5. Rollen Sie den Teig auf einer bemehlten Arbeitsfläche aus (siehe Tipp Seite 12). Stechen Sie die Kekse aus, z.B. in Form von kleinen Knochen oder formen Sie mit der Hand flache Taler.

6. Legen Sie die Kekse auf ein mit Backpapier ausgelegtes Backblech und backen Sie die Cookies im Ofen 10–15 Min. lang.

Alternative:
O *Verwenden Sie Hühnerbrühe statt der Rinderbrühe.*

Aufbewahrung:
O *Im Baumwollbeutel bzw. in einer Blechdose ca. 3 Wochen haltbar.*

Knusprig:
Sollen die Kekse extra kross werden, müssen diese anschließend noch 5–10 Min. bei 120 °C im Ofen nachbacken.

Sandys **Lieblingskekse**

Zutaten:

200 g *Weizenvollkornmehl*

50 g *Schweineschmalz*

80 ml *Wasser (ca.)*

Kross:
Drücken Sie mit der Gabel kleine Löcher in den Teig, dann backt er besser durch.

Sandy lässt sich ihre Kekse schmecken, damit macht das Training noch mehr Spaß.

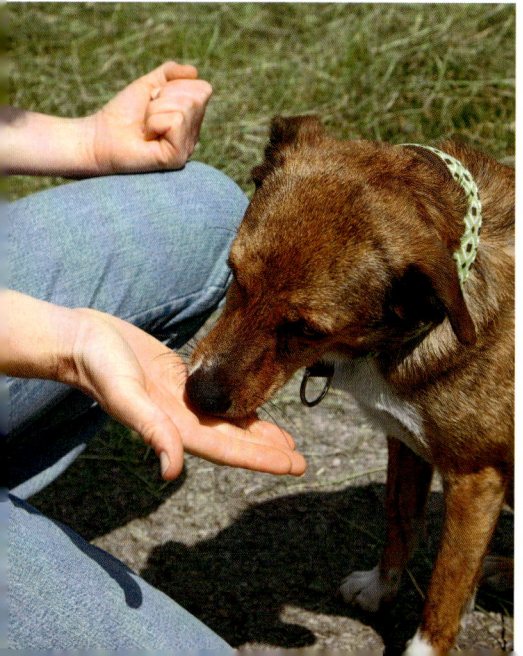

So geht's:

1. Heizen Sie den Backofen vor (Umluft 160 °C, Unterhitze / Oberhitze 180 °C).

2. Vermischen Sie alle Zutaten gründlich miteinander und kneten Sie einen geschmeidigen Teig.

3. Rollen Sie den Teig ca. 0,5 cm dick aus (siehe Tipp Seite 12) und stechen Sie kleine Kekse aus, z.B. in Form von kleinen Knochen.

4. Legen Sie die Kekse auf ein mit Backpapier ausgelegtes Backblech und backen Sie die Kekse im Ofen ca. 30 Min. lang.

Alternative:
O *Dieser Teig ist eine gute Basis für Eigenkreationen. Geben Sie z.B. geraspelte Möhren, gemahlene Nüsse, geriebenen Käse, pürierte Rinderleber oder pürierten Thunfisch dazu.*

Aufbewahrung:
O *Im Baumwollbeutel bzw. in einer Blechdose ca. 2–3 Wochen haltbar.*

Gesundheitstipp:
O *Mit reinem Schweine- oder Gänseschmalz oder alternativ Rindertalg zubereitet, sind diese Kekse lactosefrei. Wenn Sie statt mit Weizenmehl z.B. mit Buchweizenmehl backen, sind die Kekse sogar glutenfrei.*

Einfach lecker

Rosmarin-Kartoffelbällchen

Zutaten:

2	*gekochte Kartoffeln*
50	g *Magerquark*
50	g *Leberwurst speziell für Hunde*
50	g *Dinkelmehl*
2–3	TL *Öl*
1	TL *getrockneter Rosmarin*

Praktisch:
Stehen bei Ihnen gekochte Kartoffeln auf dem Speiseplan, können Sie einfach einige mehr für die Hundeleckerchen einplanen.

So geht's:

1. Heizen Sie den Backofen vor (Umluft 180 °C, Unterhitze / Oberhitze 200 °C).

2. Schälen Sie die Kartoffeln und drücken Sie sie durch eine Kartoffelpresse.

3. Vermischen Sie die Kartoffeln, den Quark und die Leberwurst.

4. Geben Sie Mehl, Öl und Rosmarin dazu und kneten SIe alle Zutaten zu einem geschmeidigen Teig.

5. Lassen Sie den Teig ca. 30 Min. lang ruhen.

6. Verteilen Sie mit Hilfe von zwei Teelöffeln jeweils etwa kirschgroße Teigbällchen auf ein mit Backpapier ausgelegtes Backblech und backen Sie die Bällchen ca. 25 Min. lang.

Alternative:
O *Wenn Ihr Hund keine Leberwurst verträgt, können Sie diese auch durch püriertes Fleisch ersetzen, das für Ihren Vierbeiner bekömmlich ist.*

Aufbewahrung:
O *Im Kühlschrank ca. 3 Tage haltbar. Nur bei Zimmertemperatur verfüttern (siehe Tipp Seite 16).*

Feine **Hirsekekse**

Zutaten:

150 g *Hirsemehl*

80 g *Schweineschmalz*

1 EL Quark

2 *Eier*

4 EL *Buchweizenmehl*

So geht's:

1. Heizen Sie den Backofen vor (Umluft 160 °C, Unterhitze / Oberhitze 180 °C).

2. Vermischen Sie alle Zutaten zu einem geschmeidigen Teig.

3. Rollen Sie den Teig auf einer bemehlten Arbeitsfläche aus und stechen Sie die Kekse aus.

4. Legen Sie die Kekse auf ein mit Backpapier ausgelegtes Backblech und backen Sie sie ca. 10 Min. lang.

Lustige Kekse, die Ihrem Hund nicht nur schmecken, sondern auch hübsch aussehen.

Alternative:
O *Verwenden Sie Butter bzw. Margarine, wenn Sie kein Schmalz verarbeiten möchten.*

Aufbewahrung:
O *Im Baumwollbeutel bzw. in einer Blechdose ca. 2 Wochen haltbar..*

Gesundheitstipp:
O *Rohe Produkte vom Schwein dürfen nicht an Hunde verfüttert werden, da in Ausnahmefällen der gefährliche Aujeszky-Virus übertragen werden kann. Schweineschmalz wird im Produktionsprozess jedoch ausreichend erhitzt und durch das Backen werden die Viren abgetötet.*

Knackige **Minz-Plätzchen**

Zutaten:

200	g Weizenvollkornmehl
50	g Vollkornhaferflocken
10	g getrocknete Minze
3	EL Sonnenblumenöl
1	Ei
120	ml Milch (ca.)

Die Minze in den Keksen erfrischt ganz natürlich den Atem Ihres Hundes.

So geht's:

1. Heizen Sie den Backofen vor (Umluft 180 °C, Unterhitze / Oberhitze 200 °C).

2. Vermischen Sie alle Zutaten und kneten Sie einen glatten Teig.

3. Rollen (siehe Tipp Seite 12) Sie den Teig auf einer bemehlten Arbeitsfläche aus und stechen Sie die Kekse aus, z.B. in Form von Herzen.

4. Legen Sie die Kekse auf ein mit Backpapier ausgelegtes Backblech und backen Sie sie im Ofen ca. 30–45 Min. lang.

Alternative:
O *Natürlich können Sie auch andere Kräuter verwenden, z.B. Salbei, Kamille oder Basilikum.*

Aufbewahrung:
O *Im Baumwollbeutel bzw. in einer Blechdose ca. 2–3 Wochen haltbar.*

Gesundheitstipp:
O *Hat Ihr Hund auffälligen Mundgeruch, sollte das immer vom Tierarzt abgeklärt werden, denn die Ursache kann ein ernsthaftes Zahnproblem sein.*

Tipp!

Zutaten nach Bedarf anpassen
Haben Sie den Eindruck, dass ein Teig zu klebrig oder zu trocken ist, können Sie nach Belieben Flüssigkeit oder Mehl ergänzen. Immer nur ein klein wenig und so lange, bis der Teig die von Ihnen gewünschte Beschaffenheit hat.

Spezial
Lecker und **gesund**

Für seinen vierbeinigen Freund zu backen, macht gute Laune. Denn Sie wissen genau, dass Sie ihm nicht nur etwas Leckeres zubereiten, sondern es auch richtig gesund ist.

Wertvolle Zutaten

Je hochwertiger die Zutaten sind, desto besser sind Qualität und Verträglichkeit von Keksen und Co. Nicht alles, was einem Hund schmeckt, darf er jedoch auch fressen. Achten Sie deswegen auf eine hundgerechte Auswahl der Zutaten. Geben Sie dem Keksteig z.B. ein Müsli dazu, sollte es weder Schokolade noch Rosinen enthalten, beides ist giftig für Hunde.

Viele Kräuter jedoch sind auch für Hunde gesund. Kamille, Pfefferminze, Basilikum und z.B. Salbei enthalten bekömmliche Inhaltsstoffe und werten die Kekse auf.

Geriebener Apfel enthält Pektine und wirkt dadurch verdauungsregulierend, genau wie geriebene Möhre.

Fast alle Hunde mögen Süßes, doch Zucker liefert wertlose Energie, fördert Übergewicht und Zahnprobleme. Sollten die Kekse gesüßt sein, verwenden Sie deswegen am besten nur maßvoll Honig. Passen Sie die Rezepte individuell an. Verträgt Ihr Hund etwa keine Weizenprodukte, können Mais- oder Buchweizenmehl eine Alternative sein.

Wissen, wo es herkommt: Mit Bio-Produkten aus der Region liegen Sie garantiert richtig.

Lactose und Gluten

Nicht alle Hunde vertragen den in Milchprodukten enthaltenen Milchzucker (Lactose) oder das in vielen Getreidesorten enthaltene Protein Gluten. Lactose und Gluten finden sich auch oft in Lebensmitteln, in denen der Hundehalter sie gar nicht vermutet, z.B. in Leberwurst, Schmalz und manchen Schinkensorten. Ist bei Ihrem Hund eine Lactose- oder Glutenintoleranz bekannt, müssen Sie alle Backzutaten sorgfältig auswählen. Kaufen Sie dann nur Produkte, die als lactose- oder glutenfrei gekennzeichnet sind.

Tipp: Möchten Sie die Milch in den Rezepten austauschen, können Sie diese im Verhältnis 1:1 z. B. gegen lactosefreie Milch, Wasser, Gemüsebrühe, Gemüsesaft, Reis- oder Hafermilch ersetzen.

Aufbewahrung

Viele Kekse können mehrere Wochen in Stoffbeuteln oder Blechdosen aufbewahrt werden. Andere verderben schneller und gehören in den Kühlschrank (siehe Tipp Seite 16). Bieten Sie Ihrem Hund die Kekse nie direkt aus dem Kühlschrank an, sondern immer zimmerwarm, damit er keine Magenbeschwerden bekommt. Prüfen Sie vorher, ob die Kekse noch in Ordnung sind, sie z.B. keinen Schimmel angesetzt haben.

Kräuter sind auch für Hunde gesund, probieren Sie aus, was Ihrem Hund schmeckt.

Schonkost-Leckerchen

Wie belohne ich meinen Hund, wenn er Schonkost bekommt? Immer wieder stellen Hundehalter sich diese Frage. Denn jede Abweichung vom Diätplan kann den empfindlichen Magen des Vierbeiners wieder durcheinanderbringen.

Werden Sie kreativ und überlegen Sie, welche Leckerchen sich individiuell für Ihren Hund aus den vom Tierarzt verordneten Zutaten der Diät zaubern lassen, z.B. diese Würfel aus Reis und Quark (siehe unten). So können Sie Ihren Hund trotz Schonkost mit besonderen Happen verwöhnen.

> **Leckere Schonkost-Happen:**
> Auch während einer Diät darf es lecker sein. Wenn der Tierarzt es erlaubt, können diese Reis-Quark-Würfel z.B. mit Rinderbrühe aufgepeppt werden.

Reis-Quark-Würfel

Zutaten:

150 g *Reismehl*
....

150 g *Magerquark*
....

So geht's:

1. Heizen Sie den Backofen vor (Umluft 160 °C, Unterhitze / Oberhitze 180 °C).

2. Vermischen Sie den Reis und den Quark zu einem geschmeidigen Teig.

3. Rollen Sie den Teig aus (siehe Tipp Seite 12) und schneiden Sie ihn mit dem Messer in kleine Würfel.

4. Legen Sie die Würfel auf ein mit Backpapier ausgelegtes Backblech und backen Sie diese 15–20 Min. lang.

Cornflakes-Brocken

Zutaten:

400 ml *Wasser*

2 EL *Sonnenblumenöl*

2 *Eier*

300 g *5-Korn-Müsli (Basismüsli)*

70 g *Cornflakes (ungesüßt)*

600 g *Dinkelmehl*

So geht's:

1. Heizen Sie den Backofen vor (Umluft 170 °C, Unterhitze / Oberhitze 190 °C).

2. Vermischen Sie das Wasser, das Sonnenblumenöl und die Eier.

3. Geben Sie dann das Müsli, die Cornflakes und das Mehl dazu und kneten Sie einen festen Teig.

4. Rollen Sie den Teig auf einer bemehlten Arbeitsfläche aus (siehe Tipp Seite 12).

5. Legen Sie den Teig auf ein mit Backpapier ausgelegtes Backblech und ziehen Sie mit dem Teigrädchen Rillen in den Teig (siehe Seite 15).

6. Backen Sie den Teig ca. 40 Min. lang.

Alternative:
O *Extra kross werden die Kekse, wenn Sie diese noch 10–20 Min. bei 120 °C im Ofen nachbacken und über Nacht auf einem Rost trocknen lassen.*

Aufbewahrung:
O *Im Baumwollbeutel bzw. in einer Blechdose ca. 3 Wochen haltbar.*

Alternativ können Sie auch Kekse formen, z.B. flache Knochen oder Taler.

Kiras **Möhrenbrot**

Zutaten:

3–5	Möhren
170 g	*Buchweizenmehl*
60 g	*Schweineschmalz*
50 ml	*Wasser*

Nach einem aufregenden Tag lässt sich Kira gerne kulinarisch verwöhnen.

So geht's:

1. Raspeln Sie die Möhren.

2. Heizen Sie den Backofen vor (Umluft 160 °C, Unterhitze / Oberhitze 180 °C).

3. Vermischen Sie alle Zutaten gründlich miteinander und kneten Sie einen geschmeidigen Teig.

4. Formen Sie aus dem Teig eine Rolle mit ca. 5 cm Durchmesser und scheiden Sie davon ca. 1 cm dicke Scheiben ab.

5. Legen Sie die Scheiben auf ein mit Backpapier ausgelegtes Backblech und backen Sie die Kekse im Ofen ca. 25 Min. lang.

Alternative:
○ *Verwenden Sie Butter bzw. Margarine, wenn Sie kein Schmalz verarbeiten möchten.*

Aufbewahrung:
○ *Im Kühlschrank ca. 4 Tage haltbar. Nur bei Zimmertemperatur verfüttern (siehe Tipp Seite 16).*

Gesundheitstipp:.
○ *Mit reinem Schweine- oder Gänseschmalz oder reinem Rindertalg zubereitet sind diese Kekse gluten- und lactosefrei.*

Apfelplätzchen

Zutaten:

1–2	*Äpfel*
250g	*Weizenvollkornmehl*
2	EL *Sonnenblumenöl*
1	*Ei*
50–100	ml *Wasser*

So geht's:

1. Raspeln Sie die Äpfel.

2. Heizen Sie den Backofen vor (Umluft 160 °C, Unterhitze / Oberhitze 180 °C).

3. Vermischen Sie alle Zutaten gründlich miteinander und kneten Sie einen Teig.

4. Rollen Sie den Teig ca. 0,5 cm dick aus (siehe Tipp Seite 12) und stechen Sie Kekse aus, z.B. in Form von kleinen Äpfeln.

5. Legen Sie die Plätzchen auf ein mit Backpapier ausgelegtes Backblech und backen Sie diese im Ofen ca. 30–40 Min. lang.

Obst:
Fruchtige Plätzchen können Sie auch mit anderem Obst variieren, z.B. Aprikosen, Birnen, Brombeeren, Himbeeren oder Pfirsichen.

Alternative:
O *Für Weihnachtsstimmung sorgen Sie, wenn Sie dem Teig noch einen Esslöffel Honig und eine Prise Zimt beimischen.*

Aufbewahrung:
O *Im Baumwollbeutel bzw. in einer Blechdose ca. eine Woche haltbar. Für eine längere Haltbarkeit Äpfel verwenden, die nicht allzu saftig sind, und die Plätzchen länger backen.*

Gesundheitstipp:
O *Lactosefrei*

Kajas **Bananen-Sterne**

Zutaten:

1	*reife Banane*
250	g *Reismehl*
1	*Ei*
100	ml *Wasser (ca.)*

So geht's:

1. Heizen Sie den Backofen vor (Umluft 160 °C, Unterhitze / Oberhitze 180 °C).

2. Zerdrücken Sie die Banane mit einer Gabel zu einem weichen Brei.

3. Vermischen Sie den Bananenbrei, das Reismehl und das Ei und geben Sie Wasser dazu, bis Sie einen geschmeidigen Teig haben.

4. Rollen Sie den Teig auf einer bemehlten Arbeitsfläche aus und stechen Sie Sterne aus.

5. Legen Sie die Kekse auf ein mit Backpapier ausgelegtes Backblech und backen Sie die Sterne ca. 40 Min. lang.

Alternative:
○ *Mischen Sie z.B. noch geriebene Möhre und geriebenen Fenchelsamen in den Teig – beides ist sehr bekömmlich und wirkt verdauungsregulierend.*

Aufbewahrung:
○ *Im Baumwollbeutel bzw. in einer Blechdose ca. 2 Wochen haltbar.*

Gesundheitstipp:
○ *lactosefrei*
○ *glutenfrei*

Kaja lacht und freut sich schon auf die leckeren Kekse aus Frauchens Backstube.

Für **besondere** Momente

Moikens **Mini-Pizza**

Zutaten:

100	g *Weizenvollkornmehl*
5	g *frische Hefe*
40	ml *warmes Wasser*
3	TL *Olivenöl*
25	g *Mozzarella*
30	g *Rinderhackfleisch*

Alternative:
O *Belegen Sie die Mini-Pizzen mit anderen Zutaten, die Ihr Hund besonders gerne mag.*

Aufbewahrung:
O *Im Kühlschrank ca. 4 Tage haltbar. Nur bei Zimmertemperatur verfüttern (siehe Tipp Seite 16).*

So geht's:

1. Geben Sie das Mehl in eine Schüssel. Formen Sie in der Mitte eine kleine Mulde und geben Sie dort die Hefe in kleinen Bröckchen hinein.

2. Gießen Sie etwas lauwarmes Wasser dazu und vermischen Sie es vorsichtig mit der Hefe und etwas Mehl.

3. Fügen Sie nun das Öl hinzu, vermischen Sie alles miteinander und kneten Sie einen Teig. Lassen Sie den Teig abgedeckt und warm gestellt ca. 30 Min. ruhen.

4. Heizen Sie den Backofen vor (Umluft 200 °C, Unterhitze / Oberhitze 220 °C).

5. Kneten Sie den Teig noch einmal. Teilen Sie kleine Teigbällchen ab und formen Sie daraus die kleinen Pizzaböden.

6. Belegen Sie die Pizzaböden mit etwas Mozzarella und anschließend mit dem Hackfleisch.

7. Legen Sie die Mini-Pizzen auf ein mit Backpapier ausgelegtes Backblech und backen Sie diese ca. 20 Min. lang.

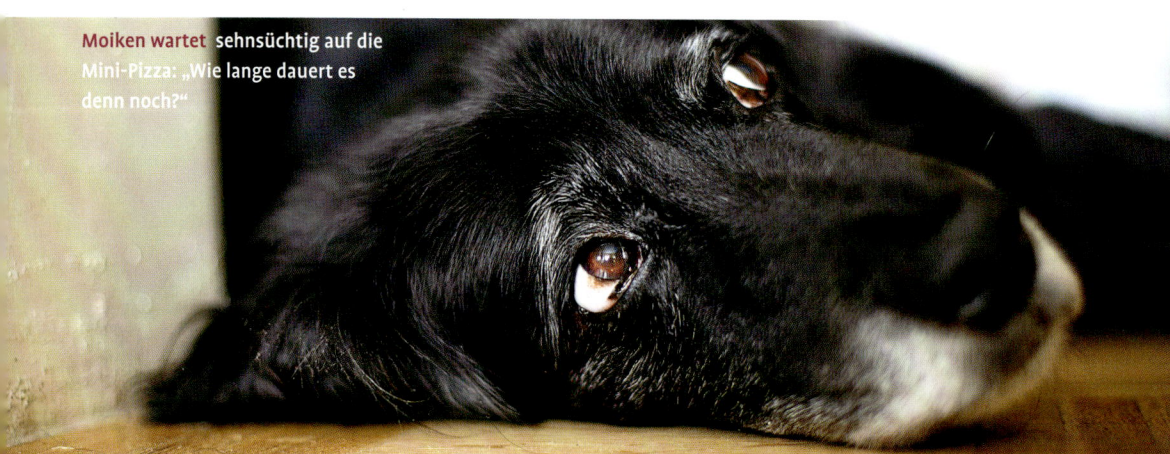

Moiken wartet sehnsüchtig auf die Mini-Pizza: „Wie lange dauert es denn noch?"

Spinatkleckse

Zutaten:

150 g Dinkelmehl

....

70 g Tiefkühl-Blattspinat

....

2 EL Öl

....

1 Ei

....

So geht's:

1. Geben Sie den Spinat in eine Schüssel und lassen Sie ihn auftauen.

2. Heizen Sie den Backofen vor (Umluft 160 °C, Unterhitze / Oberhitze 180 °C).

3. Vermischen Sie alle Zutaten gründlich miteinander.

4. Verteilen Sie mit Hilfe von zwei Teelöffeln jeweils kirsch- bis walnussgroße Teigbällchen auf ein mit Backpapier ausgelegtes Backblech.

5. Backen Sie die Spinatkleckse im Ofen ca. 25 Min. lang.

....

Alternative:
O *Mischen Sie etwas geriebenen Emmentaler in den Teig, wenn die Spinatkleckse würziger werden sollen.*

....

Aufbewahrung:
O *Im Kühlschrank ca. 4 Tage haltbar. Nur bei Zimmertemperatur verfüttern (siehe Tipp Seite 16).*

....

Gesundheitstipp:
O *Lactosefrei*

....

Tiefgekühlt:
Aufgetauter Spinat liefert die notwendige Feuchtigkeit. Wenn Sie frischen Spinat verwenden, müssen Sie etwas Wasser dazugeben.

Pauls **Rote-Bete-Mini-Muffins**

Zutaten:

80	g *Rote Bete (gegart)*
150	g *Weizenvollkornmehl*
½	*gestr. TL Backpulver*
1	*Ei*
60	ml *Milch (ca.)*
3	TL *Sonnenblumenöl*
15	*Papier-Pralinenförmchen*

Paul genießt das Leben und schätzt raffinierte Backwaren aus Frauchens Küche.

So geht's:

1. Heizen Sie den Backofen vor (Umluft 160 °C, Unterhitze / Oberhitze 180 °C).

2. Schneiden Sie die Rote Bete in kleine Würfelchen.

3. Vermischen Sie das Mehl und das Backpulver.

4. Geben Sie die Eier, die Rote Bete, die Milch und das Sonnenblumenöl in eine Rührschüssel und vermischen Sie alles kurz mit dem Handmixer.

5. Nun das Mehl mit dem Backpulver dazugeben und alles mit dem Handmixer zu einem geschmeidigen Teig verrühren.

6. Verteilen Sie mit Hilfe von zwei Teelöffeln jeweils kirschgroße Teigbällchen in die Förmchen.

7. Backen Sie die Muffins ca. 15 Min. lang.

Alternative:
O *Am schnellsten sind die Muffins mit vorgegarter Rote Bete aus dem Lebensmittelgeschäft zubereitet, am besten in Bio-Qualität ohne Zusätze. Wenn gewünscht, können Sie frische Rote Bete natürlich auch selbst garen.*

Aufbewahrung:
O *Im Kühlschrank ca. 3 Tage haltbar. Nur bei Zimmertemperatur verfüttern (siehe Tipp Seite 16).*

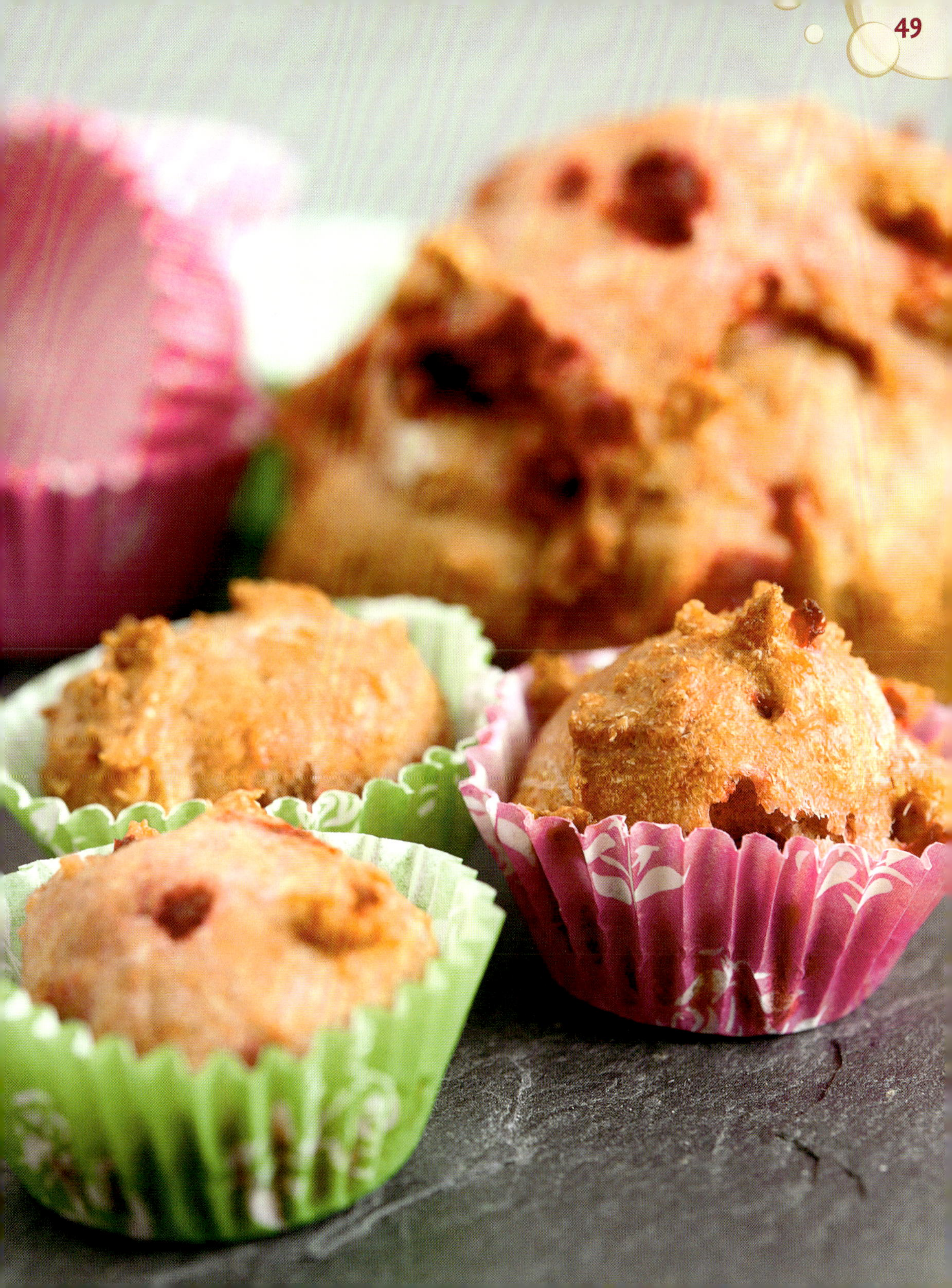

Kräuter-Grissini

Zutaten:

200	g *Weizenkornmehl*
1	EL *Basilikum*
1	EL *Thymian*
10	g *frische Hefe*
80	ml *warmes Wasser*
3	EL *Olivenöl*
2	EL *Milch*

Beschäftigung:
Nutzen Sie die Zeit während der Teig aufgeht, indem Sie mit Ihrem Hund spielen: ihn z.B. in der Wohnung versteckte Spielzeuge suchen lassen.

Alternative:
O *Füllen Sie kleine Teigplatten mit Quark oder Frischkäse und falten Sie diese zu Beuteln oder Taschen.*

Aufbewahrung:
O *Im Baumwollbeutel bzw. in einer Blechdose ca. 3 Wochen haltbar.*

Die Teigtaschen können Sie nach Ihren Vorstellungen lecker füllen. Die Haltbarkeit kann dann variieren.

So geht's:

1. Mischen Sie das Mehl mit dem Basilikum und dem Thymian.

2. Formen Sie in der Mitte eine kleine Mulde und geben Sie dort die Hefe in kleinen Bröckchen hinein.

3. Gießen Sie etwas lauwarmes Wasser dazu und vermischen Sie es vorsichtig mit der Hefe und etwas Mehl.

4. Fügen Sie nun das Öl hinzu, vermischen Sie alles miteinander und kneten Sie einen Teig. Lassen Sie den Teig abgedeckt und warm gestellt ca. 30 Min. ruhen.

5. Heizen Sie den Backofen vor (Umluft 200 °C, Unterhitze / Oberhitze 220 °C).

6. Kneten Sie den Teig noch einmal und rollen Sie ihn aus (siehe Tipp Seite 12). Schneiden Sie dann 5–10 cm lange Streifen und formen Sie daraus Stangen. Bestreichen Sie die Stangen mit Milch.

7. Legen Sie die Stangen auf ein mit Backpapier ausgelegtes Backblech und backen Sie die Grissini ca. 20 Min. lang.

Keksgeschenke mit Spaßgarantie

Teilen macht Freude. Und wenn Sie schon so eifrig Kekse backen, dürfen es doch auch sicher ein paar mehr sein, um die Freunde mit Hund zu besonderen Gelegenheiten oder einfach nur so mit Selbstgebackenem zu überraschen.

Freude bereiten

Verschenken Sie z.B. zu Weihnachten, zum Abschluss eines Kurses in der Hundeschule oder im Rahmen des Sommerfestes Ihres Hundevereins Geschenktüten mit einer leckeren Keksauswahl an die Spielkameraden Ihres Vierbeiners, natürlich individuell zusammengestellt nach den persönlichen Vorlieben.

Nette Geste für gute Freunde mit einem Herz für Hunde – eine leckere Auswahl Hundekekse.

Tierische Geschenkideen

Sie sind auf der Suche nach einem Geschenk für einen befreundeten Hundehalter? Tierische Präsente mit persönlicher Note kommen immer gut an! Wie wäre es etwa mit einem lustigen Hundespielzeug zusammen mit leckeren Hundekeksen?

- **Individueller Napf:** Da bietet sich beispielsweise der personalisierte Napf mit dem Namen des Hundes an. Dazu brauchen Sie eine weiße Porzellan- oder Keramikschüssel mit der passenden Größe für den zu beschenkenden Hund und Porzellanmalstifte. Nach dem Bemalen brennen Sie den Napf entsprechend der Anweisung im Ofen und füllen ihn mit Keksen: Fertig ist das Geschenk.

- **Hübsche Hundeleine:** Jeder Hundehalter freut sich über eine neue Leine für seinen Vierbeiner. Um ein mit Keksen gefülltes Einweckglas gebunden und eventuell noch mit einem lustigen Keksausstecher aufgepeppt, wird das Präsent zusätzlich aufgewertet.

- **Spannung, Spiel und Keks:** Minikekse bieten sich hervorragend für Futterbälle an – zusammen verschenkt macht das doppelt Freude.

Wissen, was drin ist

Immer mehr Hunde leiden an Nahrungsmittelallergien oder -unverträglichkeiten. Notieren Sie deswegen die verwendeten Zutaten z.B. auf einem Aufkleber oder Anhänger an der Verpackung. So weiß der Halter des beschenkten Hundes, was er seinem Vierbeiner gibt.

Schön praktisch sind die Kekse im Einweckglas, geschmückt mit einer exklusiven Leine.

Dem Vierbeiner schmecken die Kekse und sein Mensch erfreut sich am schönen Napf.

Schmackhafte Beschäftigung bietet der Futterball mit einem Vorrat an Minikeksen.

Hunde packen ihre Geschenke gern selbst aus, z.B. am Geburtstag oder an Weihnachten.

Isis **Nuss-Ecken**

Zutaten:

240 g Roggenmehl

150 g gehackte Haselnusskerne

50 g Schmalz

1 Ei

100 ml Wasser (ca.)

2 Eiklar

Edle Windhunde wie Isi haben oft einen exklusiven Geschmack.

So geht's:

1. Heizen Sie den Backofen vor (Umluft 160 °C, Unterhitze / Oberhitze 180 °C).

2. Vermischen Sie das Roggenmehl, 120 g gehackte Haselnüsse, das Schmalz, das Ei und das Wasser miteinander und kneten Sie daraus einen geschmeidigen Teig.

3. Rollen Sie den Teig ca. 0,5–1,0 cm dick aus (siehe Tipp Seite 12). Bestreichen Sie den Teig mit der Hälfte des Eiklars. Verteilen Sie die restlichen Haselnüsse auf dem Teig und drücken Sie sie mit dem Nudelholz vorsichtig fest. Nun noch einmal mit dem restlichen Eiklar bepinseln.

4. Schneiden Sie mit einem Messer Dreiecke aus dem Teig aus.

5. Legen Sie die Teigecken auf ein mit Backpapier ausgelegtes Backblech und backen Sie diese ca. 25 Min. lang. Lassen Sie die Nussecken dann noch 90–120 Min. lang im ausgeschalteten Ofen aushärten.

Alternative:
○ Verwenden Sie statt der Haselnüsse z.B. Walnüsse.

Aufbewahrung:
○ Im Baumwollbeutel bzw. in einer Blechdose ca. 2 Wochen haltbar.

Hirseherzen mit Knusperspaß

Zutaten:

100	g *Hirseflocken*
50	g *Dinkelmehl*
50	g *Weizenmehl*
1	EL Quark
80	g *gemahlene Haselnüsse*
100	g Schmalz
1	Eiweiß
50	g *gepuffter Dinkel (ungesüßt)*

Überraschung:
Die Hirseherzen zergehen auf der Zunge – der gepuffte Dinkel sorgt für eine knusprige Überraschung.

So geht's:

1. Heizen Sie den Backofen vor (Umluft 170 °C, Unterhitze / Oberhitze 190 °C).

2. Vermischen Sie die Hirse, das Mehl, den Quark, die Nüsse und das Schmalz und kneten Sie daraus einen Teig.

3. Lassen Sie den Teig 30 Min. lang im Kühlschrank ruhen.

4. Rollen Sie den Teig zwischen Frischhaltefolie ca. 0,5 cm dick aus und stechen Sie dann die Kekse aus.

5. Bestreichen Sie die ausgestochenen Kekse mit dem Eiweiß und belegen Sie diese mit den gepufften Dinkelkörnern.

6. Legen Sie die Kekse auf ein mit Backpapier ausgelegtes Backblech und backen Sie den Teig ca. 15 Min. lang.

Alternative:
o *Verfeinern Sie die Hirseherzen mit einem Esslöffel Honig.*

Aufbewahrung:
o *Im Baumwollbeutel bzw. in einer Blechdose ca. 2 Wochen haltbar.*

Tatar-Brötchen

Zutaten:

140	g *Dinkelmehl*
½	gestr. TL *Backpulver*
50	g *Magerquark*
50	g *Tatar*
1	*Ei*
50	ml *Milch (ca.)*

Herzlichen Glückwunsch Tatar-Brötchen sind eine leckere Geburtstagsüberraschung für Ihren Hund – natürlich ohne Kerzen.

So geht's:

1. Heizen Sie den Backofen vor (Umluft 160 °C, Unterhitze / Oberhitze 180 °C).

2. Vermischen Sie das Mehl und das Backpulver.

3. Geben Sie den Quark, das Tatar, die Eier und die Milch in eine Rührschüssel und vermischen Sie alles kurz mit dem Handmixer.

4. Nun das Mehl mit dem Backpulver dazugeben und alles zu einem geschmeidigen Teig verarbeiten.

5. Verteilen Sie mit Hilfe von zwei Teelöffeln Teigklecke in die gefetten Formen eines Muffin-Backblechs. Der Teig sollte die Formen zu etwa zwei Drittel ausfüllen.

6. Backen Sie die Brötchen 30–40 Min. lang.

Alternative:

○ *Verwenden Sie nur ungewürzten Tatar. Alternativ können Sie auch ein anderes gehacktes Fleisch verwenden.*

Aufbewahrung:

○ *Im Kühlschrank ca. 3 Tage haltbar. Nur bei Zimmertemperatur verfüttern (siehe Tipp Seite 16).*

Kokos-Käse-Wölkchen

Zutaten:

200	g	*Weizenvollkornmehl*
200	g	*Frischkäse*
60	g	*geriebener Emmentaler*
60	g	*Kokosraspeln*
2	EL	*Sonnenblumenöl*
150	ml	*Milch*

So geht's:

1. Heizen Sie den Backofen vor (Umluft 180 °C, Unterhitze / Oberhitze 200 °C).

2. Vermischen Sie alle Zutaten und kneten Sie daraus einen Teig.

3. Verteilen Sie mit Hilfe von zwei Teelöffeln jeweils tischtennisballgroße Teighäufchen auf ein mit Backpapier ausgelegtes Backblech.

4. Backen Sie die Kekse 30–40 Min. lang und lassen Sie diese dann noch 90–120 Min. im ausgeschalteten Ofen aushärten

Alternative:

O *Mischen Sie ungesüßte Cornflakes unter den Teig, damit er noch knuspriger wird.*

Aufbewahrung:

O *Im Baumwollbeutel bzw. in einer Blechdose ca. 2 Wochen haltbar.*

Feinschmecker Paul kann es kaum abwarten, bis seine Kekse fertig sind und testet schon einmal heimlich vor.

Service

Die in diesem Buch enthaltenen Empfehlungen und Angaben sind von der Autorin mit größter Sorgfalt zusammengestellt und geprüft worden. Eine Garantie für die Richtigkeit der Angaben kann jedoch nicht gegeben werden. Autorin und Verlag übernehmen keinerlei Haftung für Schäden und Unfälle. Der Leser sollte bei der Anwendung der in diesem Buch enthaltenen Empfehlungen sein persönliches Urteilsvermögen einsetzen.

Buchtipps

- Fritz, Julia: Hunde barfen. Verlag Eugen Ulmer, 2015.
- Zentek, Jürgen: Hunde richtig füttern. Verlag Eugen Ulmer, 2012.

Dank

Verlag, Autorin und Fotografin danken Simone, Alina und Kira Pulverich für das fleißige Testbacken der Hundekekse, Dr. med. vet. Stefanie Hallack für die tierärztliche Prüfung der Rezepte, der staatlich geprüften Diätassistentin Susanne Wießner-Grüning für die fachmännische Überprüfung der Rezepte und stellvertretend für alle fleißigen Vorkoster den Vierbeinern Paul, Kaja, Lisa, Ruby und Smutje.
Alle Vierbeiner in diesem Buch (bzw. deren Zweibeiner) haben zum Gelingen der Rezepte beigetragen – ihnen gilt unser besonderer Dank.

Bildnachweis

Alle Fotos stammen von Heike Schmidt-Röger.
Titelfoto: Heike Schmidt-Röger.

Die in diesem Buch enthaltenen Empfehlungen und Angaben sind vom Autor mit größter Sorgfalt zusammengestellt und geprüft worden. Eine Garantie für die Richtigkeit der Angaben kann aber nicht gegeben werden. Autor und Verlag übernehmen keinerlei Haftung für Schäden und Unfälle.

Hinweis:
Die Angaben in diesem Buch erfolgten nach bestem Wissen und Gewissen. Da die Reaktion von Hunden auf Nahrungsmittel jedoch individuell verschieden sein kann, ist darauf zu achten, ob Anzeichen für eine mögliche Unverträglichkeit auftreten.

Bibliografische Information der Deutschen Nationalbibliothek
Die Deutsche Nationalbibliothek verzeichnet diese Publikation in der Deutschen Nationalbibliografie; detaillierte bibliografische Daten sind im Internet über http://dnb.d-nb.de abrufbar.

© 2011, 2016 Eugen Ulmer KG
Wollgrasweg 41, 70599 Stuttgart (Hohenheim)
E-Mail: info@ulmer.de
Internet: www.ulmer-verlag.de

Lektorat: Kathrin Gutmann, Denise Anders
Herstellung: Thomas Eisele
Umschlagentwurf: Eugen Ulmer Verlag
Layout und Umbruch: Sojus Design, Kai Twelbeck, Stuttgart
Druck und Bindung: Litotipografia Alcione, Lavis
Printed in Italy

ISBN 978-3-8001-0370-6

Ratgeber für ein gesundes Hundeleben

Hier erfahren Sie alles, was Sie schon immer über BARF, die biologisch artgerechte Rohfütterung von Hunden, wissen wollten: Welche Vor- und Nachteile die Frischfleischfütterung Hund und Halter bietet, wie eine ausgewogene Rationsgestaltung aussieht, wie man bedarfsgerechte Futterpläne selbst erstellt, was es bei Hundekrankheiten zu beachten gilt, was eigentlich hinter gängigen Ernährungsmythen steckt und vieles mehr.

Hunde barfen. Alles über Rohfütterung.
Julia Fritz. 2015. 200 S., 17 Abbildungen, 65 Tabellen, geb. ISBN 978-3-8001-7889-6.

Eine optimale Fütterung ist die Basis für die Gesundheit Ihres Hundes. Dieses Buch hilft Ihnen, in der Vielfalt der angebotenen Fertigfutter und Frischfutterzubereitungen richtig auszuwählen, die Rationen korrekt zu berechnen und Fütterungsfehler zu vermeiden. Grundwissen Ernährung, Fertigfutter, eigene Futtermischungen, Fütterungstechnik, Fütterungsprobleme - hier finden Sie alles, was Sie rund um eine optimale Nährstoffversorgung Ihres Vierbeiners wissen wollen.

Hunde richtig füttern. Jürgen Zentek.
3. Auflage 2012. 128 S., 23 Farbfotos, 18 Zeichnungen, kart. ISBN 978-3-8001-5960-4.

 **www.ulmer.de**